Dharmesh Adhyaru
Dhara Harsoda
Hardika Ukani

Visão geral: Produção e otimização de xilanase bacteriana

Visão geral: Produção e otimização de xilanase bacteriana

Dharmesh Adhyaru
Dhara Harsoda
Hardika Ukani

Visão geral: Produção e otimização de xilanase bacteriana

ScienciaScripts

Imprint
Any brand names and product names mentioned in this book are subject to trademark, brand or patent protection and are trademarks or registered trademarks of their respective holders. The use of brand names, product names, common names, trade names, product descriptions etc. even without a particular marking in this work is in no way to be construed to mean that such names may be regarded as unrestricted in respect of trademark and brand protection legislation and could thus be used by anyone.

Cover image: www.ingimage.com

This book is a translation from the original published under ISBN 978-620-2-19673-4.

Publisher:
Sciencia Scripts
is a trademark of
Dodo Books Indian Ocean Ltd. and OmniScriptum S.R.L publishing group

120 High Road, East Finchley, London, N2 9ED, United Kingdom
Str. Armeneasca 28/1, office 1, Chisinau MD-2012, Republic of Moldova, Europe
Printed at: see last page
ISBN: 978-620-8-02851-0

ÍNDICE

LISTA DE ABREVIATURAS

D/W	Distilled water
DNSA	Di-nitro Salicylic Acid
et al.	And other person
H$_2$SO$_4$	Sulfuric acid
i.e.	That is
MW	Molecular weight
N	Normal
NaOH	Sodium Hydroxide
O.D	Optical Density
rpm	Revolution per minute
SmF	Submerged Fermentation
SSF	Solid State Fermentation

LISTA DE UNIDADES PADRÃO

%	Percentage
µg/mL	Microgram per milliliter
µmol/min/mL	Micromole per minute per milliliter
g	Gram
h	Hours
IU/mL	International unit per milliliter
IU/gds	International unit per gram dry substrate
kDa	Kilo Dalton
L	Liter
M	Molar
mg	milligram
min	Minutes
mL^{-1}	Per milliliter
mm	Millimeter
nm	Nanometer
O.D	Optical density
ºC	Degree of Celsius
sp.	Species
v/v	Volume per volume
w/w	Weight per weight
λ$_{max}$	Maximum wavelength

PRODUÇÃO E OPTIMIZAÇÃO DE XILANASE EM FERMENTAÇÃO SUBMERSA UTILIZANDO UMA CULTURA BACTERIANA RECENTEMENTE ISOLADA

Resumo

As xilanases têm aplicações potenciais na indústria do papel, na indústria dos sumos e na indústria alimentar. Assim, a sua produção a partir de microrganismos recentemente isolados requer uma atenção especial. O presente estudo centrou-se na otimização da xilanase a partir de uma cultura bacteriana recentemente isolada DMAD-6 em condições de fermentação submersa. Durante a investigação, isolámos com êxito nove culturas bacterianas produtoras de xilanase. Com base no diâmetro da zona e na atividade de xilanase, a cultura bacteriana DMAD-6, de natureza Gram positiva, foi considerada a bactéria mais promissora e foi utilizada para o estudo de otimização da xilanase. A fim de aumentar a produção de xilanase, foram optimizados vários parâmetros culturais e nutricionais em condições de fermentação submersa. A produção máxima de xilanase (59,05 UI/mL) foi registada com um tamanho de inóculo de 0,5%; após 24 horas de incubação; pH 6,0; 37°C e velocidade de agitação de 100 rpm na presença de xilose (0,5%) como melhor indutor. A caraterização detalhada e a purificação da xilanase de DMAD-6 dariam novos conhecimentos sobre esta xilanase, o que poderia ser muito útil para identificar a sua potencial aplicação em várias aplicações biotecnológicas.

Palavras-chave: Xilanase bacteriana; Seleção; Fermentação submersa; Otimização.

Capítulo: 1

INTRODUÇÃO

1.1 . Introdução geral

A conversão eficiente da biomassa orgânica, incluindo resíduos agrícolas, resíduos industriais e resíduos florestais em produtos de valor acrescentado e amigos do ambiente, tornou-se uma questão prioritária em todo o mundo. Com efeito, estes resíduos podem causar graves problemas ambientais quando libertados no ambiente sem tratamento adequado. Em especial, a utilização de subprodutos agrícolas ricos em celulose e hemicelulose para a produção de açúcares, solventes, enzimas, etc., está a aumentar constantemente para reduzir o custo global de formação do produto e também para reduzir os problemas ambientais. Os microrganismos têm potencial para utilizar os resíduos agrícolas como fonte dos seus nutrientes e, em última análise, libertar muitos produtos industrialmente importantes.

As enzimas são um dos produtos mais importantes do ponto de vista industrial, constituídas por proteínas e com um papel central no metabolismo. São muito úteis em vários processos industriais, tais como a produção de vinho, queijo, liquefação de amido, como suplemento alimentar, etc. Nos últimos anos, os processos baseados em enzimas são mais preferidos porque podem ser produzidos em grande escala utilizando métodos de fermentação simples; causam uma poluição ambiental quase insignificante em comparação com os processos baseados em produtos químicos. Devido a estas vantagens, a produção industrial de enzimas a baixo custo é o principal foco da investigação atual, não só para os investigadores das ciências da vida, mas também para os engenheiros de processos industriais e investigadores que trabalham em domínios relacionados com a biotecnologia. Atualmente, as enzimas são amplamente produzidas utilizando várias culturas bacterianas e fúngicas devido à sua rápida taxa de crescimento, à necessidade de menos espaço para o cultivo, à facilidade de experimentação e manipulação das suas propriedades genéticas, à necessidade de menos nutrientes e tempo para o seu melhor crescimento.

Entre as várias enzimas hidrolíticas, a maior parte da investigação centra-se nas xilanases com capacidade para hidrolisar a xilana, o principal componente hemicelulósico dos resíduos vegetais, devido ao seu imenso potencial industrial. O presente artigo centra-se nos substratos para a produção de xilanase, na xilanase e nas suas enzimas acessórias e na sua aplicação. Para além disso, a produção de xilanase a partir de uma cultura bacteriana recentemente isolada, utilizando resíduos agrícolas em processo de fermentação submersa, é também destacada no presente estudo.

1.2 Xilana e sua estrutura

As hemiceluloses são polissacáridos insolúveis em água presentes no meio da parede celular das plantas, onde se entrelaçam com a celulose e a lenhina. A xilana é o principal e o segundo polissacárido hemicelulósico natural mais abundante na Terra, a seguir à celulose (Collins et al., 2005). A xilana fornece suporte estrutural às plantas, para além de atuar como armazenamento de polissacáridos nas sementes para efeitos de germinação. A quantidade de xilanas nas plantas varia de espécie para espécie e até de árvore para árvore. A estrutura da xilana e das enzimas relacionadas é mostrada na Fig. 1.1.

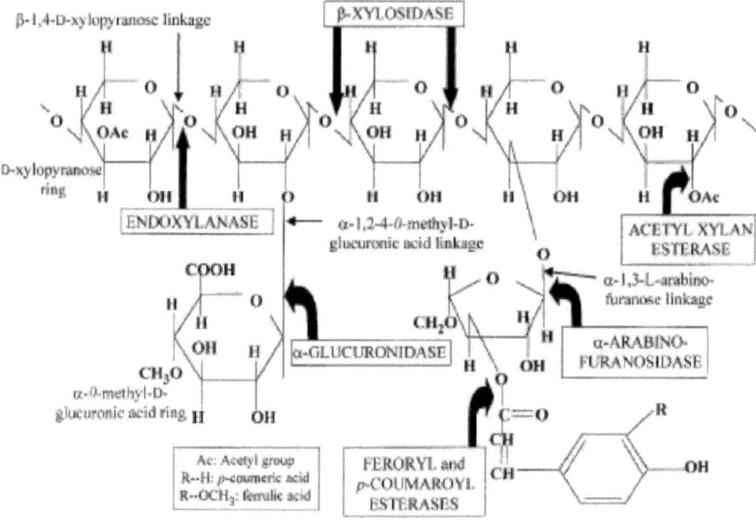

Fig. 1.1 Estrutura geral da xilana e ação de várias enzimas xilanolíticas (Beg *et al.,*

2001)

A xilana é composta principalmente por D-xilose, juntamente com uma quantidade muito pequena de D-manose, D-glucose, L-arabinose, D-galactose, ácido D-glucurónico e ácido D-galacturónico. Assim, uma hidrólise completa da xilana produz xilo-oligossacáridos e xilose (Polizeli et al., 2005). A hidrólise completa da xilana requer a ação cooperativa de várias enzimas xilanolíticas. A degradação inicial da xilana ocorre quando a β- 1, 4-xilanase cliva a espinha dorsal da xilana, seguida pelas β-xilosidases que hidrolisam os xilooligossacáridos em xilose (Haltrich et al., 1997).

1.3 Xilanase e outras enzimas acessórias de hidrólise da xilana

As enzimas xilanolíticas ou hemicelulases são carbohidrolases. Entre as várias carbohidrolases, a mais estudada é a endoxilanase, que hidrolisa as ligações β-1,4 xilosídicas na cadeia principal do xilano (Polizeli et al., 2005).

1.3.1 Exo-xilanase

As xilanases são enzimas extracelulares induzíveis que funcionam em sinergia com β-xilosidases, α-L- arabinofuranosidases e acetil xilano esterases (Asano et al., 2005) para hidrolisar completamente a xilana. As xilanases são sintetizadas por eucariotas e procariotas. Foi registada uma grande variedade de fungos e bactérias que produzem xilanases extracelulares. Os investigadores estão interessados em estudar as xilanases devido à sua capacidade de degradação do xilano em várias unidades de xilose através da clivagem de ligações β-1, 4-xilosídicas da espinha dorsal do xilano de forma aleatória. Para além das xilanases, a β-xilosidase hidrolisa xilooligossacáridos em xilose. A este respeito, o produto final da hidrólise da xilana, a xilose, está a ser utilizado comercialmente em indústrias de todo o mundo. Estudos demonstraram que a produção de xilanase é grandemente influenciada por xilano puro ou substratos que contêm grandes quantidades de xilano, para além de várias condições culturais.

1.3.2 Endo-1, 4- β-D-xilanase

A endo-1, 4- β-D-xilanase quebra principalmente as ligações xilosídicas presentes na xilana, reduzindo assim o grau de polimerização do substrato natural. A xilanase não ataca aleatoriamente o substrato, mas actua sobre ligações específicas (Polizeli et al., 2005). Vários relatórios indicaram a presença de múltiplas xilanases (isoformas de xilanase) com diferentes pesos moleculares e especificidades de substrato de um fungo e bactéria individuais. Em geral, as endoxilanases podem funcionar melhor num intervalo de temperatura de 40 a 80°C e entre pH 4,0 e 6,5.

1.3.3 β-D-Xilosidases

As β-D-xilosidases podem ser classificadas de acordo com as suas afinidades relativas para o seu substrato, a xilobiose e outros xilooligossacáridos. Para além da xilobiose, podem também hidrolisar substratos artificiais, como o p-nitrofenilo e o O-nitrofenil-β-D-xilopiranosido, que são análogos à xilobiose. Normalmente, a β-xilosidase purificada não consegue hidrolisar a xilana. Em alguns fungos, também foi observada a atividade de transxilosidação, que resultou na formação de sacáridos de maior peso molecular do que os substratos originais. A β-xilosidase também pode hidrolisar estes subprodutos, eliminando a causa da inibição e aumentando a eficiência da hidrólise da xilana (Andrade et al., 2004; Zanoelo et al., 2004).

1.3.4 Arabinase

A arabinase remove os resíduos de L-arabinose substituídos nas posições 2 e 3 do β-D xilopiranosil. Foram comunicados dois tipos de ababinases com modos de ação distintos: a exo-α-L-arabinofuranosidase (EC 3.2.1.55), que degrada o p-nitrofenil-α-L-arabinofuranosídeo e os arabinanos ramificados, e a endo-1,5-α-L-arabinofuranosidase (EC 3.2.1.99), que apenas hidrolisa arabinanos lineares (de Vries et al., 2000). A maioria das arabinases investigadas até à data são do tipo exo.

1.4 Modo de ação das enzimas xilanolíticas

A atividade da xilanase leva à hidrólise da xilana. As xilanases atacam comparativamente um grande heteropolissacárido que é impedido de entrar na matriz celular pela membrana celular. Os produtos da hidrólise da xilana são xilose, xilobiose, xilotriose e outros xilooligossacáridos de pequeno peso molecular. Estas moléculas podem entrar facilmente nas células microbianas e sustentar o crescimento bacteriano, actuando como fonte de energia e de carbono (Subramaniyan e Prema 2002). O papel seletivo das enzimas xilanolíticas é apresentado no quadro 1.1.

Tabela: 1.1 Acções selectivas das enzimas xilanolíticas na hidrólise completa da xilana

Enzima	Modo de ação
Endo-xilanase	Hidrolisa principalmente as ligações interiores de β-1,4-xilose da estrutura da xilana
Exo-xilanase	Hidrolisa as ligações β-1,4-xilose libertando xilobiose
β - Xilosidase	Liberta xilose da xilobiose e de xilooligossacáridos de cadeia curta
α-Arabinofuranosidase	Hidrolisa a α-arabinofuranose terminal não redutora dos arabinoxilanos
α-Glucuronidase	Liberta o ácido glucurónico dos glucuronoxilanos
Acetilxilano esterase	Hidrolisa ligações éster acetil em acetil xilanos
Ácido ferúlico esterase	Hidrolisa ligações éster feruloil em xilanos
esterase do ácido p-cumárico	Hidrolisa ligações éster p-cumaril em xilanos

1.5 Produção de xilanase por várias técnicas de fermentação

A produção de metabolitos importantes para a indústria, incluindo enzimas, tem sido efectuada em grande medida através da técnica de fermentação submersa. A maioria dos fabricantes de enzimas produz enzimas por fermentação submersa (SmF). No entanto, nas últimas décadas, tem havido uma tendência crescente para a utilização da técnica de fermentação em estado sólido (SSF) para produzir várias enzimas em que os microrganismos podem crescer em condições relativamente húmidas. No entanto, várias limitações da fermentação em estado sólido têm restringido a utilização desta técnica na produção de enzimas à escala industrial.

1.5.1 Fermentação em estado sólido (SSF)

A fermentação em estado sólido (SSF) é uma técnica simples em que substratos de resíduos sólidos, tais como fibras, farelo e outros resíduos agrícolas, são inoculados utilizando uma única cultura ou uma combinação de culturas hemicelulolíticas e deixados a crescer em condições estáticas. Na SSF, a dimensão das partículas do substrato é a variável mais importante que pode afetar a produção de enzimas. Para além da dimensão das partículas, o teor global de humidade do sistema SSF deve ser cuidadosamente mantido durante todo o período de incubação. Os principais problemas associados à utilização desta técnica são a mistura inadequada do substrato sólido, a possibilidade de geração de calor que pode causar a inativação da enzima, os problemas associados à amostragem, a recuperação do produto em várias fases, etc.

1.5.2 Fermentação submersa (SmF)

Ao contrário da fermentação em estado sólido, na fermentação submersa todos os ingredientes do meio são dissolvidos no meio líquido. A SmF oferece várias vantagens em relação à fermentação em estado sólido, tais como a necessidade de menos mão de obra, maior rendimento e produtividade, menor probabilidade de contaminação, melhor controlo da temperatura durante a fermentação e fácil manuseamento de sólidos em suspensão. Assim, à escala industrial, a FUM é mais preferível do que a FSS para a produção de enzimas e outros metabolitos importantes.

1.6 Produção de xilanase utilizando vários microrganismos

Foram registados microrganismos, incluindo fungos, leveduras e bactérias, para a produção de 1, 4-β-D-endoxilanase e β-xilosidases. Alguns destes micróbios são saprófitas, células de vida livre do solo ou aquáticas, alguns podem crescer anaerobicamente enquanto outros crescem aerobicamente, alguns podem crescer à temperatura ambiente (condição mesofílica) enquanto outros crescem a altas temperaturas. Nesta secção, são abordadas em pormenor várias culturas microbianas com capacidade para produzir xilanases.

1.6.1 Produção de xilanase utilizando bactérias

Entre as bactérias, as bactérias Gram-positivas e formadoras de esporos são micróbios do solo omnipresentes que desempenham papéis importantes na hidrólise da biomassa vegetal e animal. Estas bactérias formadoras de esporos crescem aerobicamente ou anaerobicamente e podem fermentar a xilana com produção de ácidos gordos voláteis e gás. As bactérias são fascinadas pela produção de xilanases tolerantes aos álcalis e termoestáveis, que têm muitas aplicações importantes. Entre as espécies aeróbias ou anaeróbias facultativas, foi registada atividade xilanolítica em *Bacillus subtilus*, *Bacillus circulans*, *Bacillus pumilus* e *Bacillus polymyxa* (Uffen, 1997). Em comparação com os fungos, as bactérias são mais preferidas para a produção de xilanases devido à sua capacidade de crescer em substratos simples, à menor diversidade metabólica e ao menor tempo de cultivo.

1.6.2 Produção de xilanase utilizando fungos

Os fungos filamentosos têm sido amplamente utilizados para a produção de várias enzimas importantes para a indústria. Entre as enzimas, os fungos são amplamente utilizados como produtores de xilanase porque podem produzir uma maior quantidade de xilanase em comparação com bactérias ou leveduras (Polizeli et al. 2005). Vários investigadores registaram a produção de xilanases a partir de espécies de *Aspergillus*, *Penicillium*, *Fusarium*, *Trichoderma*, etc. No entanto, para a produção industrial de xilanases, as espécies de *Aspergillus* e *Trichoderma* são amplamente utilizadas. No entanto, as principais limitações durante a utilização de culturas fúngicas para a produção de xilanases são o seu período de crescimento mais longo do que o das bactérias ou leveduras e as dificuldades associadas à separação dos micélios fúngicos da enzima produzida.

1.7 Aplicações da xilanase

As xilanases têm muitas aplicações potenciais em vários processos industriais. As principais aplicações biotecnológicas das xilanases incluem: o biobranqueamento da polpa de madeira, o pré-tratamento de alimentos para animais para aumentar a digestibilidade dos alimentos, o processamento de sumos de fruta e vegetais para aumentar a clarificação e a conversão de substâncias lignocelulósicas em combustíveis (Subramaniyan e Prema, 2000; Beg et al., 2001). A xilanase começou a ser utilizada inicialmente para melhorar a alimentação animal e, mais tarde, nas indústrias alimentar, têxtil e do papel. Atualmente, a xilanase e a celulase, juntamente com as pectinases, cobrem 20% do mercado mundial de enzimas (Polizeli et al., 2005). Na indústria alimentar, as enzimas xilanase são utilizadas para acelerar a cozedura de biscoitos, bolos, bolachas e outros alimentos, decompondo os polissacáridos presentes na massa. Nos alimentos para animais, a xilanase ajuda na digestibilidade do trigo para aves e suínos, diminuindo a viscosidade dos alimentos.

1.7.1 Xilanase em alimentos para animais

As xilanases são amplamente utilizadas no pré-tratamento de culturas forrageiras para melhorar a digestibilidade dos alimentos para ruminantes e para facilitar a compostagem (Gilbert e Hazlewood 1993). As xilanases também são utilizadas na alimentação animal juntamente com outras enzimas, incluindo pectinases, celulases, proteases, amilases, fitase, lipases, etc. As xilanases decompõem eficazmente os arabinoxilanos presentes nos ingredientes dos alimentos para animais e também reduzem a viscosidade da matéria-prima (Twomey et al. 2003). Se a xilanase for adicionada a alimentos que contenham milho e sorgo, pode melhorar a digestão dos nutrientes na parte inicial do trato digestivo, resultando numa melhor utilização da energia. Os suínos jovens podem produzir enzimas endógenas em menor quantidade do que os suínos adultos, pelo que os alimentos que contêm enzimas exógenas devem melhorar o seu desempenho como animais de criação. Além disso, este tipo de alimento tratado reduz os resíduos indesejáveis nos excrementos (fósforo, azoto, cobre e zinco), o que pode desempenhar um papel importante na redução da contaminação ambiental (Polizeli et al., 2005).

1.7.2 Xilanases na indústria alimentar e cervejeira

A aplicação de enzimas xilanolíticas tem aumentado devido ao seu potencial para melhorar o processo de fabrico do pão. As enzimas de hidrólise do amido e dos hidratos de carbono não amiláceos são principalmente utilizadas na indústria de panificação, uma vez que podem melhorar a qualidade do pão (Polizeli et al., 2005). A hidrólise enzimática de polissacáridos não amiláceos leva à melhoria das propriedades da massa, do seu volume específico e da firmeza do miolo. As xilanases, juntamente com outras hemicelulases, permitem a decomposição da hemicelulose da farinha de trigo, ajudando assim na distribuição da água e tornando a massa mais macia para amassar. Durante o processo de cozedura do pão, atrasam a formação do miolo, permitindo assim que a massa cresça (Polizeli et al., 2005). Após a utilização das xilanases, Camacho e Aguilar (2003) observaram um aumento do volume do pão, uma maior absorção de água e também uma melhor resistência à fermentação. Polizeli et al. (2005) verificaram que uma maior quantidade de arabino-xilooligossacáridos no pão seria benéfica para a saúde. A xilanase permite a transformação de componentes hemicelulósicos insolúveis em água numa forma solúvel, o que permite a ligação da água na massa, diminuindo assim a firmeza da massa, aumentando o volume da massa e criando também migalhas mais finas e uniformes.

No processo de fabrico de bolachas, a xilanase é recomendada para tornar as bolachas de creme mais leves e para melhorar a textura, a palatabilidade e a uniformidade das bolachas (Polizeli et al., 2005).

As xilanases em combinação com celulases, amilases e pectinases levam a um melhor rendimento do sumo através da liquefação de frutas e vegetais; também são importantes para a estabilização da polpa de fruta, para a redução da sua viscosidade e para a hidrólise de substâncias que impedem a depuração física ou química do sumo, ou que podem ser responsáveis pela turvação (Polizeli et al., 2005).

As xilanases são muito úteis nas indústrias alimentares devido às suas importantes propriedades de tolerância a altas temperaturas e à sua atividade óptima a um pH ácido. Com os desenvolvimentos no domínio da biologia molecular, estão a ser descobertas novas aplicações das xilanases (Polizeli et al., 2005). Recentemente, Ganga et al. (1999) construíram uma levedura recombinante com o gene para a xilanase de *Aspergillus nidulans*, xlnA, resultando num vinho com um aroma mais pronunciado do que o aroma convencional do vinho. Durante o processo de fabrico da cerveja, a parede celular da cevada é hidrolisada, libertando longas cadeias de arabinoxilanos, o que aumenta a viscosidade da cerveja e lhe confere um aspeto "lamacento". Assim, as xilanases são utilizadas para a hidrólise de arabinoxilanos para reduzir os oligossacáridos responsáveis pela viscosidade da cerveja e, consequentemente, eliminar o seu aspeto lamacento (Dervilly et al. 2002). α-L- arabinofuranosidase e β-D-glucopiranosidase utilizadas no processamento de alimentos para aromatizar mostos, vinhos e sumos de fruta por Spagna et al. (1998).

1.7.3 Xilanases no processo de biobranqueamento

Uma das aplicações mais importantes das xilanases é no pré-branqueamento da pasta kraft. As xilanases estão a ganhar importância como alternativas aos produtos químicos tóxicos que contêm cloro e que são amplamente utilizados como agentes de branqueamento (Viikari et al. 1986). As xilanases são mais preferidas porque são económicas e amigas do ambiente, em comparação com os agentes químicos. Tendo em conta as vantagens acima referidas, a produção de xilanases está a aumentar constantemente em todo o mundo.

O branqueamento biológico é o processo de remoção da lenhina da polpa de madeira utilizando agentes biológicos para produzir uma polpa acabada brilhante ou completamente branca. O processo de branqueamento, ou seja, a remoção da lenhina, é necessário por razões estéticas, bem como para melhorar as propriedades do papel, porque a lenhina residual após a polpação química confere uma cor castanha indesejável ao papel. Recentemente, o branqueamento da pasta kraft é efectuado utilizando grandes quantidades de produtos químicos à base de cloro e hidrossulfito de sódio. Estes agentes químicos de branqueamento causam uma série de problemas relacionados com os efluentes nas indústrias da pasta e do papel. Os subprodutos após a utilização de tais produtos químicos são substâncias orgânicas cloradas, a maioria das quais são tóxicas, mutagénicas e persistentes e afectam negativamente os seres humanos, os animais, outros sistemas vivos e também o ambiente (Onysko 1993). Hoje em dia, devido às políticas e regulamentos rigorosos de proteção ambiental propostos pelo governo e por grupos de proteção ambiental, as indústrias de pasta e papel estão a alterar as suas práticas para minimizar a utilização de produtos químicos derivados do cloro no processo de branqueamento. A maioria das indústrias está a proceder à deslenhificação com oxigénio, ao cozimento prolongado da pasta de madeira e à substituição do cloro, do peróxido de hidrogénio e do ozono por dióxido de cloro. Mas a maioria dos métodos acima referidos exige um elevado investimento de capital para a alteração do processo. Assim, como alternativa, um método rentável e amigo do ambiente, ou seja, a utilização de enzimas, proporcionou uma forma muito simples e económica de reduzir a utilização de produtos químicos derivados do cloro e de outros produtos químicos de branqueamento. O biobranqueamento envolve a utilização de microrganismos e das suas enzimas para o branqueamento da pasta de papel. A eficiência do branqueamento depende da capacidade dos microrganismos e das suas enzimas despolimerizarem a lenhina, uma vez que se trata de estruturas aromáticas complexas presentes na madeira, para além da celulose e da hemicelulose. As xilanases permitem a decomposição eficiente da hemicelulose, removendo assim a lenhina da pasta (Jimenez et al. 1997).

Até à data, o branqueamento biológico da pasta de papel tem sido efectuado utilizando enzimas lignolíticas (Viikari et al. 1986) e hemicelulolíticas (Tenkanen et al. 1997). A principal enzima necessária para melhorar a deslenhificação da pasta kraft é a endo-β-xilanase, para além de outras enzimas como a mananase, a lipase e a galactosidase (Wong e Saddler 1992). No ano 2000, Clarke et al. relataram um estudo comparativo do branqueamento enzimático de polpa de madeira macia usando uma combinação de xilanase, mananase e α-galactosidase.

O mecanismo exato pelo qual as xilanases facilitam o branqueamento da pasta não é totalmente compreendido. Acredita-se que a xilanase não branqueia a polpa, mas sim altera as propriedades e a estrutura da polpa. De acordo com a hipótese proposta por Paice et al. (1992), as xilanases despolimerizam a hemicelulose presente na superfície da fibra da pasta, permitindo assim abrir a estrutura da pasta para ser facilmente atacada pelos químicos de branqueamento. Para além disso, as xilanases podem também libertar cromóforos associados aos hidratos de carbono. A decomposição da porção de hidratos de carbono do complexo lenhina-carbohidrato e a produção de moléculas residuais de lenhina mais pequenas, que são comparativamente fáceis de remover, é também um dos possíveis mecanismos de branqueamento usando xilanases (Wong e Saddler 1992).

1.7.4 Algumas outras aplicações da xilanase:

1.   As xilanases podem ser utilizadas para a sacarificação de vários agro-resíduos para produzir xarope rico em açúcar que seria posteriormente utilizado para a produção de etanol, xilitol como solventes industrialmente importantes.

2.   As xilanases também encontram aplicação na indústria de detergentes, especialmente na limpeza de corantes à base de frutas e legumes.

3.   As xilanases são também as candidatas mais eficazes para a produção de xilooligossacáridos. Os xilo-oligossacáridos podem ser utilizados para a preparação de alimentos prebióticos.

4.   Têm sido utilizados nas indústrias têxteis para melhorar a textura do material têxtil.

Finalidade e objectivos

O principal objetivo do presente estudo foi isolar várias culturas bacterianas produtoras de xilanase a partir de diferentes amostras, seguido da otimização da produção de xilanase em condições de fermentação submersa utilizando o potente isolado bacteriano. Os principais objectivos são os seguintes:

Objectivos:

- Recolha de várias amostras para isolar bactérias degradadoras de xilano.

- Isolamento e identificação primária de bactérias produtoras de xilanase.

- Seleção de bactérias produtoras de xilanase potentes.

- Otimização dos parâmetros de fermentação para uma elevada produção de xilanase.

- Otimização de fontes de carbono para uma elevada produção de xilanase.

REVISÃO DA LITERATURA

De acordo com Bhall et al., (2015) a hidrólise enzimática eficiente da biomassa lignocelulósica para os açúcares fermentáveis requer um repertório completo de enzimas de hidrólise da biomassa. As hemicelulases são importantes entre várias outras enzimas que podem desempenhar um papel importante para a hidrólise eficiente do componente de hemicelulose da biomassa lignocelulósica para produzir xilooligossacarídeos e xilose. De acordo com eles, as xilanases termoestáveis são o foco de atenção como enzimas industrialmente importantes devido à sua longa vida útil a altas temperaturas. Em conformidade com o objetivo, os autores produziram xilanase termoestável a partir de *Geobacillus* sp. estirpe WSUCF1 sob a forma de cocktail de xilanase bruta. Para a produção de xilanase, os autores cultivaram a bactéria em xilano ou em várias biomassas lignocelulósicas baratas e residuais, não tratadas e pré-tratadas, incluindo erva-das-pradarias e palha de milho. Os autores verificaram que o pH e a temperatura óptimos para o cocktail de xilanase bruta eram pH 6,5 e 70°C, respetivamente. Além disso, verificou-se que a xilanase bruta da estirpe WSUCF1 de *Geobacillus* sp. era altamente termoestável, apresentando meias-vidas de 18 e 12 dias a 60 e 70°C, respetivamente. Também observaram que, a 70°C, a taxa de hidrólise da xilana era melhor com a xilanase da WSUCF1 em comparação com as enzimas comerciais. Para a xilanase bruta WSUCF1, Cellic-HTec2 e AccelleraseXY, as conversões percentuais de xilano para os oligossacáridos de menor grau foram 68,9, 49,4 e 28,92, respetivamente. De acordo com os melhores conhecimentos do autor, o cocktail de xilanase bruta WSUCF1 foi uma das xilanases mais termoestáveis produzidas pelo *Geobacillus* spp. termofílico e outros micróbios termofílicos, uma vez que apresentou uma temperatura de crescimento óptima de $\leq 70°$ C. De acordo com as conclusões do autor, caraterísticas atractivas como a elevada termoestabilidade, a atividade numa vasta gama de temperaturas e uma melhor hidrólise da xilana em comparação com as enzimas de hidrólise da xilana comerciais tornam o cocktail de xilanase bruta WSUCF1 adequado para processos de bioconversão de lenhinocelulose termofílica.

Lai et al. (2015) estudaram a fermentação de *Bacillus pumilus* (*B. pumilus*) utilizando diferentes lamas de celulose e papel como meio de cultura com o objetivo de produzir uma das importantes enzimas industriais xilanase a um custo mais baixo. Entre as várias lamas, as lamas secundárias revelaram-se um meio de cultura alternativo adequado para o melhor crescimento de *B. pumilus*, enquanto as lamas primárias serviram como o melhor indutor de xilanase. Posteriormente, misturaram as lamas primárias (PS) e as lamas secundárias (SS) numa proporção de 1PS:2SS (w/w) com 15 g/L de concentração de sólidos totais. A mistura de lamas resultou na concentração celular mais elevada de 2×10^8 UFC/mL e na atividade máxima de xilanase de 3,8 UI/mL utilizando *B. pumilus* em fermentação em frasco agitado. Para além de várias lamas, os autores também testaram outras biomassas lignocelulósicas como potenciais indutores de xilanase. A adição de palha de milho às lamas secundárias proporcionou uma atividade máxima de xilanase de 10,7 UI/mL. Os autores também utilizaram um bioreactor de 7 L e obtiveram uma concentração celular total de $2,5 \times 10^9$ UFC/mL e uma atividade de xilanase de 35,5 UI/mL no meio de lamas secundárias suplementado com xilano comercial, e uma concentração celular total de $3,4 \times 10^9$ UFC/mL e uma atividade de xilanase de 37,8 UI/mL no meio de lamas secundárias suplementado com palha de milho. Os resultados foram comparativos com um meio de base semi-sintética ($5,8 \times 109$ UFC/mL e 47 UI/mL, respetivamente). Verificou-se que a xilanase de *B. pumilus* produzida em lamas de papel é estável entre pH 6-9 e a 50°C. Estas xilanases poderiam oferecer uma aplicação potencial para a biolixiviação na indústria da pasta e do papel.

Em 2015, Thomas et al. estudaram a produção de xilanase recombinante utilizando uma estirpe *Kluyveromyces lactis* GG799 com um vetor de plasmídeo pKLAC1 que transporta o gene codificador da xilanase (XynA) isolado de *Bacillus pumilus* MTCC 5015. Para obter a expressão máxima de xilanase da bactéria recombinante, utilizaram abordagens estatísticas envolvendo a metodologia de superfície de resposta (RSM). Identificaram variáveis críticas para a produção de xilanase recombinante a partir dos resultados da abordagem de uma variável de cada vez seguida da metodologia de superfície de resposta (RSM). A otimização das variáveis críticas através da conceção Box-Behnken levou a um aumento da produção de xilanase extracelular até 200 UI/mL. Observaram uma produção máxima de xilanase quando 2% de ácido casamino foi utilizado juntamente com 5% de galactose como indutor com um tamanho de inóculo de 2,75% (5×10^8 CFU/mL) quando incubado durante 48 h com uma idade de pré-inóculo de 24 h (273 UI/mL). Assim, concluíram que a otimização estatística das variáveis do processo podia aumentar quatro vezes a atividade da xilanase de 70 UI/mL para 273 UI/mL. Purificaram ainda mais a xilanase e, com base nos resultados da análise SDS-PAGE, a massa molecular relativa da XynA glicosilada foi identificada como 35,0 kDa. Finalmente, utilizaram a enzima parcialmente purificada para o branqueamento biológico de cartão de papel, o que demonstrou a sua aplicação eficaz no branqueamento.

Adhyaru et al. (2014) isolaram *Bacillus altitudinis* DHN8 da fossa de composto ativo e avaliaram a sua produção de xilanase utilizando palha de sorgo como fonte barata de carbono. Registaram a maior produção de xilanase com palha de sorgo 3% p/v, tamanho do inóculo 1% v/v, idade do inóculo 18 h, tempo de incubação 42 h, pH 7,0, temperatura 35°C e velocidade de agitação 250 rpm. Além disso, mostraram a eficácia da xilose 0,5%, da gelatina 0,5% e do KNO3 0,3% (p/v) para melhorar ainda mais o rendimento da xilanase. Após um estudo detalhado de otimização, verificou-se um aumento de 3,74 vezes na produção de xilanase em comparação com a produção em condições não optimizadas. De acordo com as suas observações, a xilanase parcialmente purificada apresentou uma estabilidade de pH de 70% após 18 h a um intervalo de pH de 6-10. O estudo de termoestabilidade revelou que a xilanase podia reter mais de 60% da sua atividade a uma temperatura de 45-65°C durante 60 minutos. A presença de iões metálicos (10 mM CaCl2, MnCl2 e FeCl3) e solventes orgânicos (10% v/v de isopropanol, metanol, etanol e acetona) melhoraram significativamente a atividade da xilanase. Também efectuaram a sacarificação da palha de sorgo. Para a sacarificação da palha de sorgo, o tratamento com peróxido de hidrogénio alcalino a 3,0% durante 36 h foi considerado benéfico (produziu 34,94 mg de açúcar redutor/g de palha de sorgo). Segundo eles, a xilanase estudada pode ser considerada como uma enzima sem celulase, termo-alcalina e estável ao solvente, sendo uma ferramenta importante para muitas indústrias biotecnológicas.

Panwar et al. (2013) isolaram *Bacillus* sp. PKD-9 do ninho de dauber de lama (*Sceliphron caementarium*) localizado no CSIR-CFTRI, Mysore. O isolado produziu uma enorme quantidade de xilanase com uma atividade de 75 000 UI/g de farelo de trigo fermentado seco (UI/g DFWB) após 72 h sob fermentação em estado sólido. Para a produção de xilanase, utilizaram farelo de trigo como fonte de carbono e de azoto e a fermentação foi efectuada a 37 °C, pH 8,0. Realizaram o estudo de otimização das condições de fermentação em estado sólido para a extração de xilanase através de uma abordagem estatística. A metodologia de superfície de resposta, que envolveu interações entre as variáveis de processo selecionadas, a preparação de gráficos de contorno e a análise de variância, aumentou ainda mais o rendimento de xilanase em 1,30 vezes, até 98 0000 UI/g de DFWB. Os autores também revelaram as caraterísticas bioquímicas da xilanase e descobriram que esta era otimamente ativa a pH 8,0 e 50 °C, com meias-vidas de 60 e 30 minutos a 45 e 50 °C, respetivamente. A xilanase estudada de *Bacillus* sp. PKD-9 mostrou uma estabilidade muito boa, com mais de 75,0% de atividade, numa vasta gama de pH 6,0-10,0 após 25 h de incubação à temperatura ambiente e mesmo na presença de inibidores como a iodoacetamida, o ácido iodoacético e o β-mercaptoetanol. Os autores testaram a capacidade da xilanase para a pré-digestão de alimentos para aves. A libertação de açúcares redutores dos alimentos para aves de capoeira após a digestão com xilanase sugeriu o seu potencial para melhorar a digestibilidade dos alimentos, o que poderia melhorar a digestão dos animais.

Em 2012, Kumar et al. produziram xilanase a partir de *Streptomyces* sp. RCK-2010 recentemente isolada. Para a otimização dos parâmetros de fermentação, utilizaram duas abordagens diferentes, nomeadamente, a abordagem de um fator de cada vez e a metodologia de superfície de resposta, especialmente o design composto central. Foi observada uma produção óptima de xilanase (264,77 UI/mL) a um pH médio de 8,0, agitação de 200 rpm, temperatura de 40°C e a 1% de tamanho de inóculo após 48 h de período de fermentação. Entre os requisitos nutricionais, o farelo de trigo e o extrato de carne de bovino revelaram-se as fontes de carbono e de azoto mais eficazes, respetivamente. Após a otimização estatística, ou seja, a otimização através de um design composto central, o rendimento global de xilanase foi melhorado para 3,0 vezes com uma atividade final de xilanase de 2310,18 UI/mL de *Streptomyces* sp. RCK-2010.

Bajaj et al. (2012) isolaram a bactéria produtora de xilanase, *Bacillus pumilus* SS1, que pode crescer bem a um pH alcalino elevado (9-11) e a uma temperatura moderadamente elevada (25-55°C). A bactéria isolada foi capaz de utilizar farelo de trigo como única fonte de carbono e produziu uma quantidade considerável de xilanase. Registaram uma produção máxima de enzimas a um pH médio de 8 e a 45°C. Além disso, também purificaram a enzima (purificação de 2,97 vezes) utilizando o método de fracionamento de sulfato de amónio seguido de cromatografia de carboximetil sephadex. Verificou-se que o peso molecular da xilanase purificada era de 25 kDa com valores baixos *de Km* (2,7 mg/ml) e valores razoavelmente bons *de Vmax* (36 mmol/mg/min). A enzima purificada foi maximamente ativa entre pH 6-8 e a 40-50°C. Além disso, verificou-se que a atividade da enzima purificada era inibida na presença de $HgCl_2$, $CoCl_2$, $MnSO_4$, $MgCl_2$, fluoreto de fenilmetilsulfonilo e $CaCl_2$, ao passo que o $FeCl_2$ provocava uma ligeira estimulação da atividade da xilanase.

A composição do meio e as condições culturais para a produção de xilanase utilizando *Bacillus mojavensis* A21 foram optimizadas por Haddar et al., (2012), utilizando duas abordagens estatísticas: Plackett-Burman seguido de Box-Behnken. O projeto Plackett-Burman foi utilizado para descobrir os principais componentes do meio e as condições culturais para o melhor rendimento da produção de enzimas. Com base nos resultados do desenho de Plackett-Burman, foi utilizado o desenho de Box-Behnken para otimizar o valor de quatro variáveis significativas, ou seja, farelo de cevada, NaCl, agitação e tempo de cultivo. Observaram uma produção óptima de xilanase quando o farelo de cevada era 18,66 g/l, o NaCl 1,04 g/l, a velocidade de agitação 176 rpm e o tempo de cultivo 34,08 h. Nestas condições, o rendimento experimental de xilanase

(7,45 U/ml) obtido foi muito próximo do rendimento previsto pelo modelo estatístico (7,23 U/ml) com $R^2 = 0,98$. Finalmente, a otimização do meio através da abordagem estatística resultou num aumento de 6,83 vezes na produção de xilanase em comparação com a utilização do meio inicial. A atividade máxima da xilanase foi observada à temperatura de 50°C e a pH 8,0. A enzima mostrou mais de 96% da sua atividade mesmo após 24 h entre pH 7,0 e 9,0. A enzima reteve mais de 80% da sua atividade inicial mesmo após 60 minutos de incubação entre 30°C e 60°C. Também verificaram o potencial da xilanase para a produção de xilooligossacáridos. Os principais produtos de hidrólise obtidos a partir da xilana extraída da espiga de milho foram a xilobiose e a xilotriose. Por fim, concluíram que a xilanase produzida com *Bacillus mojavensis* A21 era um candidato potencial para a produção de xilooligossacáridos.

Bajaj e Manhas (2012) isolaram uma bactéria, *Bacillus licheniformis* P11(C). A bactéria tem potencial para utilizar resíduos agrícolas como fontes de carbono e azoto para produzir uma boa quantidade de xilanase que mostrou atividade e estabilidade numa vasta gama de pH 5 a 11 e a temperaturas elevadas de 40 a 100 °C. Também permaneceu ativa mesmo na presença de potenciais inibidores, como triton, SDS e EDTA. A purificação da xilanase (4,24 vezes) foi efectuada por precipitação com sulfato de amónio e cromatografia DEAE-sepharose. Os resultados da análise SDS-PAGE e da zimografia indicaram a presença de duas xilanases com um peso molecular correspondente de 17,5 e 23 kDa de *B. licheniformis* P11(C). Além disso, a xilanase apresentou um potencial muito bom para a sua aplicação no processamento de sumos de fruta e em processos de panificação. A enzima melhorou eficazmente a extração de açúcar dos sumos de fruta, melhorou a clarificação dos sumos de fruta e demonstrou o aumento da massa no processo de panificação.

Poorna (2011) estudou as caraterísticas bioquímicas da xilanase purificada produzida por *Bacillus pumilus* e utilizou-a posteriormente para a hidrólise de polissacáridos. Para o efeito, o autor produziu xilanases extracelulares isentas de celulase a partir da bactéria alcalófila *Bacillus pumilus*. Após a produção da enzima, o autor purificou a xilanase até à homogeneidade através da precipitação com sulfato de amónio, cromatografia Q-Sepharose e caracterizou-a. A análise de SDS-PAGE revelou que as xilanases purificadas eram proteínas, com massa molecular de ~14 kDa (Xyl 1), ~ 35 kDa (Xyl 2) e ~ 60 kDa (Xyl 3). A temperatura e o pH óptimos para a ação das xilanases purificadas foram de 50 °C e 7, respetivamente. A xilanase purificada de *Bacillus pumilus* apresentou uma boa estabilidade térmica numa gama de temperaturas de 20 a 40°C a pH-7 e foi capaz de reter 85% da atividade a 60°C. A atividade da enzima purificada foi fortemente inibida por 10 mm de Hg^{2+} , SDS e Fe^{2+} . Os valores *de Km* e *Vmax* para a xilanase purificada foram de 4,0 mg/mL, 5000 µmol/ min/ mg de proteína (Xyl 1), bem como 3,5 mg/mL, 3448 µmol/ min/ mg de proteína (Xyl 2) para a xilana de aveia e espelta.

No ano de 2009, Wang et al. isolaram *Bacillus* sp. NTU-06 de amostras de solo colhidas na salina de Chigu, localizada em Taiwan. A bactéria isolada foi posteriormente avaliada para produzir xilanase, uma das enzimas industriais importantes, que tem aplicações na indústria da pasta e do papel. Purificaram a xilanase por cromatografia líquida de proteínas rápidas (FPLC) e observaram que a enzima tem uma massa molecular baixa de 24 kDa. Após a caraterização da enzima purificada, verificaram que esta era ativa numa gama de concentrações de 0-20% de cloreto de sódio no caldo de cultura. A xilanase purificada mostrou uma atividade óptima em 5% de cloreto de sódio. Também estudaram a estabilidade de uma enzima e verificaram que 43% da atividade da enzima se mantinha após 4 h em cloreto de sódio a 20%. A atividade máxima da xilanase purificada foi observada a pH 8,0 e 40°C. Verificou-se que a enzima era algo termoestável, uma vez que conseguia reter 20% da sua atividade original após incubação a 70°C durante 4 h. Durante o estudo cinético, verificaram que a xilanase tinha valores de Km e *Vmax* de 3,45 mg/mL e 387,3 µmol/ min/ mg, respetivamente. Os autores também determinaram a sequência de aminoácidos da xilanase de *Bacillus* sp. NTU-06 por LC-MS/MS e verificaram que era semelhante à sequência da beta-1,4-endoxilanase, que é um membro da família 11 das hidrolases de glicosídeos. Finalmente, concluíram que algumas das novas caraterísticas da xilanase de *Bacillus* sp. NTU-06 fazem desta enzima uma ferramenta biológica atractiva para a biodegradação de xilano.

Kiddinamoorthy et al. (2008) estudaram a produção de xilanase extracelular a partir de *Bacillus* sp. GRE7 utilizando um bioreactor de bancada e um processo de fermentação em estado sólido.

A fermentação em estado sólido foi efectuada utilizando farelo de trigo como substrato e a cultura submersa foi efectuada utilizando xilano de aveia-espelta como substrato, o que resultou numa produtividade enzimática de 3.950 UI/g de farelo e 180 UI/mL, respetivamente. Além disso, a enzima foi purificada com um peso molecular aparente de 42 kDa e apresentou uma atividade óptima a 70 °C e pH 7. A enzima apresentou uma estabilidade entre 60-80 °C a pH 7 e pH 5-11 a 37 °C. Os iões metálicos, especialmente o Mn^{2+} e o Co^{2+}, aumentaram a atividade em duas vezes, enquanto o Cu^{2+} e o Fe^{2+} reduziram a atividade da xilanase em cinco vezes em comparação com o conjunto de controlo. A 60 °C e a pH 6, o *Km* da xilanase para a xilana de aveia-espelta foi de 2,23 mg/mL e *o Vmax* foi de 296,8 UI/mg de proteína. Durante o pré-branqueamento da pasta Kraft de eucalipto utilizando a xilanase, verificou-se a libertação de cromóforos e a geração de açúcares redutores após a hidrólise da pasta. Além disso, verificou-se que a brancura da pasta aumentou, enquanto o número Kappa da pasta foi reduzido em comparação com o controlo com uma dosagem de enzima aumentada em 30% menos quantidade do uso original de dióxido de cloro. As principais caraterísticas, tais como a boa estabilidade térmica, a capacidade de tolerar condições alcalinas, o nível muito baixo de atividade da celulase, a capacidade de melhorar a brancura com uma redução simultânea do número kappa e a capacidade de reduzir a utilização de dióxido de cloro, mostram o bom potencial da xilanase para aplicação no bio-branqueamento da pasta Kraft.

Damiano et al. (2003) isolaram um *Bacillus licheniformis* 77-2 alcalófilo a partir de alimentos em decomposição. O *Bacillus* sp. isolado produziu uma xilanase extracelular tolerante aos álcalis com uma atividade de celulase negligenciável no meio contendo palha de milho como substrato. Os autores utilizaram com sucesso a xilanase bruta para o tratamento de pasta Kraft de eucalipto. Realizaram uma experiência de biobranqueamento para comparar a poupança de cloro com a pasta tratada e não tratada pela xilanase. Durante o branqueamento com cloro, passaram por um processo de branqueamento em duas fases, utilizando uma cloração com ClO2 e uma extração com NaOH (sequência DE). Observaram que para obter os mesmos valores de número kappa e alvura, 28,5 e 30% respetivamente, da polpa tratada enzimaticamente, é necessária uma menor quantidade de ClO2 em comparação com a polpa não tratada enzimaticamente.

Em 2000, Dhillon et al. isolaram uma bactéria termofílica, *Bacillus circulans* AB 16, de uma lixeira. A bactéria foi capaz de produzir uma nova xilanase extracelular pobre em celulase e termoestável num meio basal fornecido com palha de arroz. Verificou-se que a atividade da xilanase aumentava mais de duas vezes e meia na presença de triptona e de outras modificações do meio. A maior atividade de xilanase obtida em cultura líquida foi de 55 UI:ml. Duas *xilanases Xyl A* e *Xyl B* foram purificadas até à homogeneidade por cromatografia Q Sepharose e Sepharose 6B. *A Xyl A* (Mr 30 000) tinha um pH ótimo de 6 e uma temperatura óptima de 75-80°C, enquanto *a Xyl B* (Mr 22 000) também tinha um pH ótimo de 6, mas com uma temperatura óptima de 65-70°C. Tanto *o Xyl A* como *o Xyl B* tinham um pH ótimo de 6, mas retinham 46% de atividade a pH 8. *O Xyl A* retinha 70% de atividade a 65°C, pH 9 e 2 h de incubação, enquanto *o Xyl B* retinha 34% nas mesmas condições. Tanto *o Xyl A* como *o Xyl B* apresentaram 90% de inibição da atividade por 1 mM Hg2_. O padrão de hidrólise de *Xyl A* produziu principalmente xilobiose com menor quantidade de xilo-oligossacáridos e xilose, enquanto *Xyl B* produziu principalmente oligossacáridos superiores com menor quantidade de xilobiose e quantidades negligenciáveis de xilose. A enzima bruta de *B. circulans* AB 16 apresentou uma maior libertação de cromóforos de 0,360 U em comparação com *Xyl A* e *Xyl B*, com uma libertação de cromóforos de 0,115 e 0,069 unidades, pelo que seria mais útil para o branqueamento da polpa do que as xilanases purificadas.

Capítulo: 2

MATERIAIS E MÉTODOS

2.1 Isolamento de várias culturas bacterianas

Para o isolamento de culturas bacterianas, foram recolhidas várias amostras, como frutos maduros, madeira em decomposição e amostras de solo de campos agrícolas, em meados de dezembro de 2015. As amostras foram suspensas, misturadas vigorosamente em 10 mL de água destilada estéril e, depois de uma diluição adequada, colocadas em placas de ágar nutriente contendo 1% de xilano de madeira de faia. Todas as placas foram incubadas a 37°C durante 48h. Após a incubação, todas as placas foram observadas quanto à zona de hidrólise de xilano. As colónias que apresentavam uma zona clara de hidrólise de xilano foram colhidas e novamente semeadas numa placa de ágar nutriente contendo xilano fresco para obter uma cultura pura.

2.2 Identificação e caraterização de culturas bacterianas potentes

A cultura bacteriana produtora de xilanase potente foi observada quanto ao seu carácter de Gram sob microscopia e, mais tarde, foram observadas as suas caraterísticas morfológicas e coloniais.

2.3 Manutenção e conservação de culturas bacterianas

As culturas bacterianas bem purificadas foram mantidas em placas de ágar nutriente. As culturas foram reactivadas após cada 15 dias e preparadas de fresco durante a produção de xilanase. Todas as culturas foram conservadas a 4°C.

2.4 Preparação do inóculo

Foram utilizadas culturas bacterianas em crescimento ativo para a preparação do inóculo para a produção de xilanase. Para o efeito, o crescimento bacteriano foi raspado suavemente a partir de placas frescas com a ajuda de uma ansa de arame esterilizada e foi adicionado a 10 ml de água destilada esterilizada até a densidade ótica da suspensão bacteriana atingir 1,0 a 660 nm.

2.5 Produção de xilanase em condições de fermentação submersa

A produção de xilanase de todos os isolados foi efectuada em fermentação submersa utilizando um meio nutritivo contendo (g%) xilano de madeira de faia, 1,0; extrato de levedura, 0,3; NaCl, 0,5; KNO_3, 0,2; K_2HPO_4, 0,05 e $MgSO_4$, 0,05. O meio de fermentação (50 mL) foi autoclavado em frascos separados, arrefecido e depois inoculado com 1,0% de inóculo bacteriano fresco. Todos os frascos foram incubados a 37°C e 100 rpm durante 48 h. Após a incubação, o conteúdo dos frascos foi centrifugado a 5000 rpm durante 15 min a 4°C para separar a massa celular e o sobrenadante. O sobrenadante foi utilizado para o ensaio de xilanase.

2.6 Otimização dos parâmetros culturais e nutricionais para a produção de xilanase utilizando uma cultura bacteriana potente

2.6.1 Efeito do tamanho do inóculo na produção de xilanase

Para observar o efeito do tamanho do inóculo na produção de xilanase, o meio de fermentação foi inoculado com inóculo bacteriano fresco (0,5 a 3%, v/v). A produção de xilanase foi efectuada durante 48 h, tal como mencionado na secção 2.5.

2.6.2 Efeito do tempo de incubação na produção de xilanase

Para melhorar a produção de xilanase, o tempo de incubação foi variado no intervalo de 24 a 120 h em condições de agitação. O meio de fermentação foi inoculado utilizando um nível de inóculo optimizado e as restantes condições de fermentação foram mantidas constantes, tal como discutido anteriormente.

2.6.3 Efeito do pH na produção de xilanase

Para descobrir o pH mais adequado para a produção de xilanase, o pH do meio de fermentação variou de 5,0-9,0. O pH do meio foi ajustado com HCl ou NaCl diluídos antes da autoclavagem. A fermentação foi efectuada durante 24 horas nas condições acima mencionadas.

2.6.4 Efeito da temperatura na produção de xilanase

O nível de produção de xilanase também foi verificado separadamente, variando a temperatura, ou seja, 30, 37, 45 e 50°C. O tamanho do inóculo, o tempo de incubação e o pH do meio de fermentação foram mantidos a um nível ótimo e os frascos foram incubados sob agitação a 100 rpm.

2.6.5 Efeito da velocidade de agitação na produção de xilanase

Na continuação da otimização da produção de xilanase, foi também estudado o efeito da velocidade de agitação. Os frascos de fermentação foram incubados em condições estáticas, bem como a 50, 100 e 150 rpm em condições previamente optimizadas.

2.6.6 Efeito de diferentes fontes de carbono na produção de xilanase

Para além da otimização de vários parâmetros culturais, a produção de xilanase também foi observada através da variação das fontes de carbono (isto é, xilose, glucose, maltose, frutose e arabinose) a uma concentração de 0,5% no meio de fermentação. Os frascos de fermentação preparados separadamente foram incubados em condições previamente optimizadas.

No final de cada parâmetro individual, os frascos de fermentação foram centrifugados, tal como referido na secção 2.5, e o sobrenadante foi analisado quanto à atividade da xilanase.

2.7 Ensaio de xilanase utilizando o método DNSA (Miller, 1959)

Princípio: Foram utilizados vários reagentes para a determinação de açúcares redutores, como o ácido 3,5-dinitrosalicílico (DNSA). Em condições alcalinas, é reduzido a ácido 3-amino, 5-nitro-salicílico. O DNSA amarelado dá origem a uma cor vermelha alaranjada após a redução; a variação da cor depende da natureza do açúcar redutor.

Reagentes

1. Solução padrão de xilose: Dissolver 0,1 xilose em 100 mL de D/W (1000 µg/mL)
2. Tampão de citrato de sódio: Misturar 92 mL de solução (0,1 M) de citrato tri-

sódico com solução (0,1 M) de ácido cítrico para obter um pH 6,0.

3. Substrato: Dissolver 1% de xilano em tampão de fosfato de sódio 0,05 M, pH 7,0.

4. Solução DNSA: Solução A: Dissolver 300 g de tartarato de Na-K em 500 mL de D/W. Solução B: Dissolver 10 g de DNSA em NaOH 2M.

(Misturar A & B corretamente e fazer um volume de 1000 mL com D/W).

Procedimento

1. Distribuir 1% de xilana de madeira de bétula em tubos de ensaio separados.

2. Adicionar a enzima bruta adequadamente diluída em cada tubo.

3. A mistura reactiva foi deixada a incubar durante 5 minutos a 50 °C.

4. Adicionar 1 ml de reagente DNSA a cada tubo de ensaio.

5. Deixar incubar todos os tubos num banho de água a ferver durante 10 minutos.

6. Similaridade preparar o branco enzimático sem adição de enzima.

7. Observar a evolução da cor e medir o D.O. a 540 nm.

8. Determinar a concentração de xilose a partir da curva padrão de xilose.

Uma unidade de atividade de xilanase = quantidade de enzima necessária para libertar 1 µmol de equivalente de xilose por minuto nas condições especificadas. "UI/mL" indica a atividade da xilanase em unidades internacionais por ml de substrato.

Capítulo: 3

RESULTADOS E DISCUSSÃO

8.1 Isolamento e identificação de várias culturas bacterianas

No presente estudo, foram isoladas várias culturas bacterianas de frutos maduros, madeira em decomposição e amostras de solo de campos agrícolas. O isolamento foi efectuado em placas de ágar nutriente contendo xilano de madeira de faia a 1%. As colónias que apresentavam uma zona clara de hidrólise da xilana foram purificadas utilizando placas contendo meio nutriente fresco. Assim, no final da experiência de rastreio, foi purificado um total de 9 colónias diferentes que apresentavam hidrólise de xilano e as suas caraterísticas coloniais foram observadas como se mostra no Quadro 3.1.

Tabela: 3.1 Caraterísticas das colónias de vários isolados de bactérias hidrolisadoras de xilano

Código cultural	Caraterísticas coloniais das culturas bacterianas em placa de ágar xilano após 48 h						
	Tamanho	Forma	Margem	Textura	Elevação	Consistência	Opacidade
DMAD-1	Pequeno	Circular	Inteiro	Suave	Elevado	Gomas	Opaco
DMAD-2	Médio	Irregular	Encaracolado	Áspero	Plano	Seco	Opaco
DMAD-3	Pequeno	Irregular	Encaracolado	Áspero	Elevado	Seco	Opaco
DMAD-4	Médio	Circular	Inteiro	Suave	Elevado	Gomas	Opaco
DMAD-5	Pequeno	Circular	Inteiro	Suave	Elevado	Gomas	Opaco
DMAD-6	Pequeno	Circular	Inteiro	Suave	Convexo	Gomas	Opaco
DMAD-7	Pequeno	Circular	Inteiro	Áspero	Plano	Seco	Opaco
DMAD-8	Grande	Circular	Inteiro	Áspero	Plano	Seco	Opaco
DMAD-9	Médio	Circular	Inteiro	Suave	Elevado	Gomas	Opaco

Das 9 culturas bacterianas, a DMAD-6, que foi isolada de Chickoo amadurecido, produziu a hidrólise máxima de xilano (28 mm de diâmetro de zona). Com base na reação de Gram, a DMAD-6 foi identificada como Gram positiva, formadora de esporos e em forma de bastonete sob observação microscópica.

3.2 Seleção de cultura bacteriana produtora de xilanase potente

Todos os isolados foram verificados quanto à sua capacidade de produção de xilanase em condições de fermentação submersa. Tal como se mostra na Fig. 3.1, entre nove culturas, a DMAD-6 apresentou uma produção máxima de xilanase após 48 h. Assim, em experiências subsequentes, foi selecionada como uma cultura bacteriana produtora de xilanase potente.

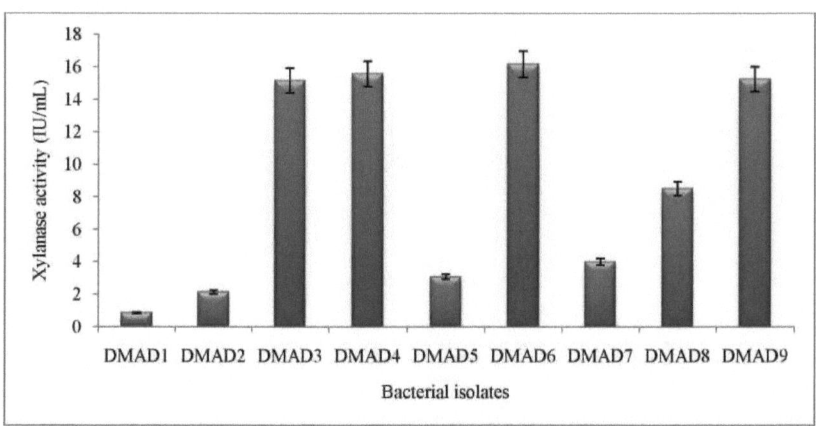

Figura: 3.1 Capacidade comparativa de produção de xilanase de vários isolados bacterianos

3.3 Efeito do tamanho do inóculo na produção de xilanase

A adição de uma quantidade adequada de nível de inóculo decide o destino final da fermentação. Um nível ótimo de inóculo pode dar uma produção enzimática mais elevada. Neste estudo, o nível de inóculo variou de 0,5 a 3% (v/v) para observar o seu efeito na produção de xilanase em condições de fermentação submersa, como se mostra na Fig. 3.2. Os resultados sugerem claramente que o nível baixo de inóculo, ou seja, 0,5% de inóculo, melhorou a produção de xilanase. A atividade máxima de xilanase (31,40 UI/mL) foi observada a um nível de inóculo de 0,5% e, para além disso, a produção de xilanase diminuiu acentuadamente. Estes resultados podem ser devidos ao consumo mais rápido de nutrientes pela biomassa em crescimento ativo durante o período de fermentação. Mesmo numa produção enzimática a nível industrial, não é preferível um nível de inóculo mais elevado (Lincon et al., 1960). As nossas conclusões estão de acordo com os resultados observados por Adhyaru et al. (2014) e Nagar et al. (2010). Estes demonstraram a utilização de um tamanho de inóculo inferior para a produção máxima de xilanase.

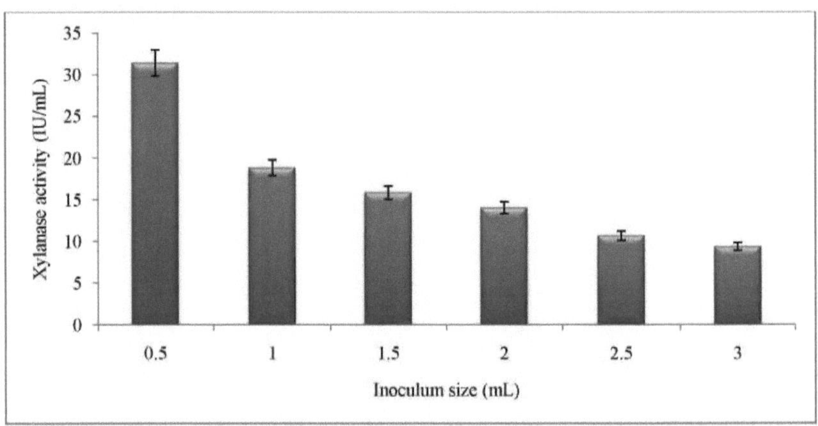

Figura: 3.2 Efeito do tamanho do inóculo na produção de xilanase por DMAD-6

3.4 Efeito do tempo de incubação na produção de xilanase

Foi relatado que as várias bactérias produzem o máximo de enzimas após um intervalo de tempo específico. Assim, no presente estudo, para obter a produção máxima de xilanase, o período de fermentação variou de 24 a 120 h, como se mostra na Fig. 3.3.

A produção máxima de xilanase (29,04 UI/mL) foi registada após 24 h de fermentação. Às 48 h de fermentação, o nível de produção de xilanase manteve-se quase constante; caso contrário, a produção de enzimas diminuiu acentuadamente para além das 48 h. As possíveis razões subjacentes à redução da produção de xilanase após 48 h podem dever-se à baixa concentração de nutrientes, à acumulação de produtos finais ou à secreção de determinados metabolitos que podem causar a inibição da síntese de mais enzimas. Em 2011, Prakash et al. registaram a produção máxima de xilanase a partir de *Bacillus halodurans* PPKS-2 após 48 h de período de fermentação.

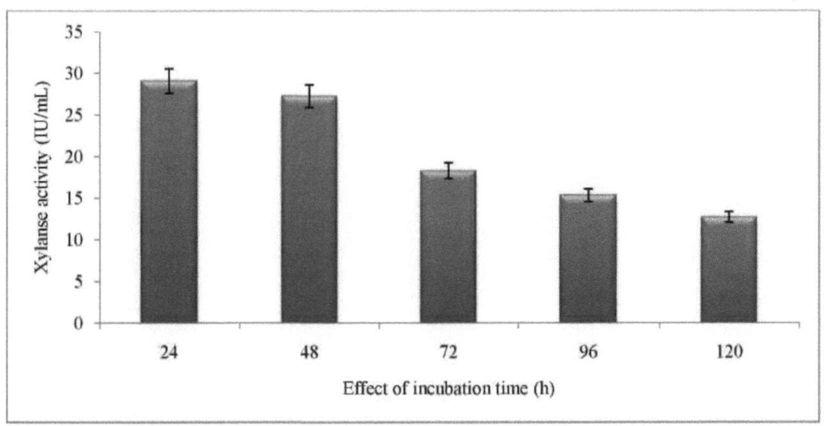

Figura: 3.3 Efeito do tempo de incubação na produção de xilanase por DMAD-6

3.5 Efeito do pH na produção de xilanase

O pH do meio de fermentação é outro parâmetro vital para a produção de enzimas, uma vez que pode permitir um transporte eficaz de nutrientes importantes através da membrana celular. Para observar o efeito do pH na produção de xilanase a partir de DMAD-6, foi efectuada uma fermentação submersa a diferentes pH, variando de 5,0-9,0. Os resultados obtidos são apresentados na Fig. 3.4.

Em geral, observou-se que o pH ácido (4,0-6,0) é o mais adequado para a produção e a atividade da xilanase fúngica; no entanto, o pH alcalino (7,0-9,0) é mais adequado para a produção e a atividade das xilanases bacterianas (Bajpai, 1997). Em contradição com isso, no presente estudo, verificou-se que o pH 6,0 era o mais adequado para a produção de xilanase (36,27 UI/mL) a partir de DMAD-6. No entanto, também se registou uma produção substancial de xilanase a pH 7,0 e 8,0. Num estudo anterior, Sepahy et al. (2011) registaram uma produção máxima de xilanase a pH 8,0.

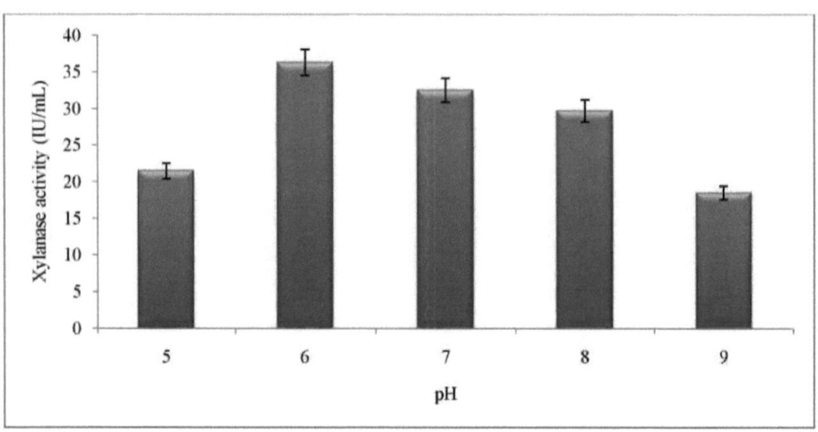

Figura: 3.4 Efeito do pH do meio de fermentação na produção de xilanase por DMAD-6

3.6 Efeito da temperatura na produção de xilanase

A temperatura regula as actividades metabólicas dos microrganismos e também as suas capacidades de produção de metabolitos. No presente estudo, a produção de xilanase foi efectuada a uma temperatura entre 30 e 50°C, conforme demonstrado na Fig. 3.5. A produção de xilanase aumentou com o aumento da temperatura de 30 para 37°C. A 37°C, a produção de xilanase foi de 50,80 UI/mL, que foi drasticamente reduzida quando a fermentação foi efectuada a 45°C (27,15 UI/mL). Verificou-se que a maioria das xilanases bacterianas e fúngicas estudadas até agora eram produzidas de forma óptima entre 40 e 60°C.

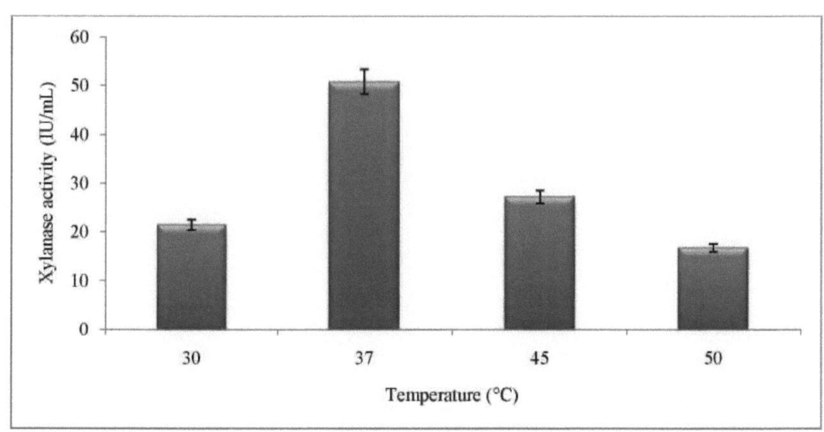

Figura: 3.5 Efeito da temperatura na produção de xilanase por DMAD-6

3.7 Efeito da velocidade de agitação na produção de xilanase

A maior parte da produção industrial de enzimas é efectuada em condições submersas utilizando várias culturas bacterianas. A velocidade de agitação é um parâmetro importante que deve ser considerado no estudo da produção de enzimas em fermentação submersa, uma vez que pode permitir a mistura homogénea dos nutrientes disponíveis e fornecer oxigénio suficiente para o crescimento bacteriano. Conforme ilustrado na Fig. 3.6, no nosso estudo, a taxa de agitação variou de 0 (condição estática) a 150 rpm para observar o seu efeito na produção de xilanase a partir de DMAD-6. A partir dos resultados, pode concluir-se claramente que a condição estática foi menos favorável para a produção de xilanase (16,10 UI/mL), mas várias condições de agitação poderiam realmente promover a produção da enzima. A produção máxima de xilanase, 54,64 UI/mL, foi obtida a 100 rpm. No entanto, Adhyaru et al. (2014) e Kumar et al. (2012) mostraram a produção máxima de xilanase a 250 rpm.

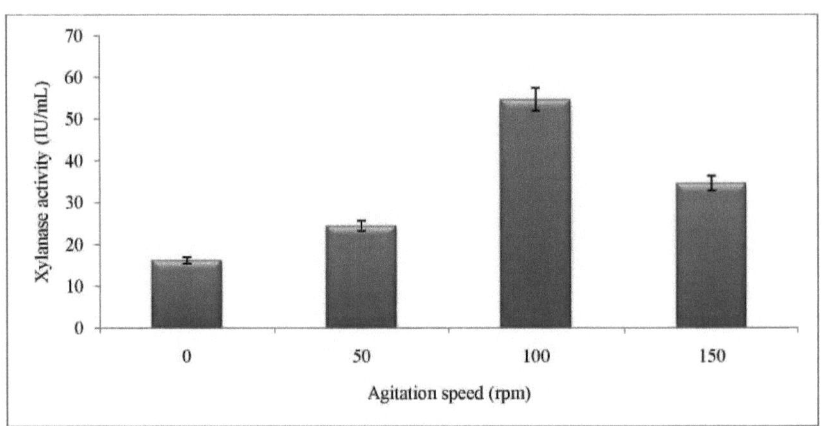

Figura: 3.6 Efeito da velocidade de agitação na produção de xilanase por DMAD-6

3.8 Efeito de diferentes fontes de carbono na produção de xilanase

As fontes de carbono são importantes para o crescimento e o metabolismo de microrganismos em proliferação ativa. Neste estudo, avaliámos várias fontes de carbono (isto é, xilose, glucose, maltose, frutose e arabinose) individualmente a uma concentração de 0,5% para observar o seu efeito na produção de xilanase a partir de DMAD-6. Os resultados da produção de xilanase foram demonstrados na Fig. 3.7.

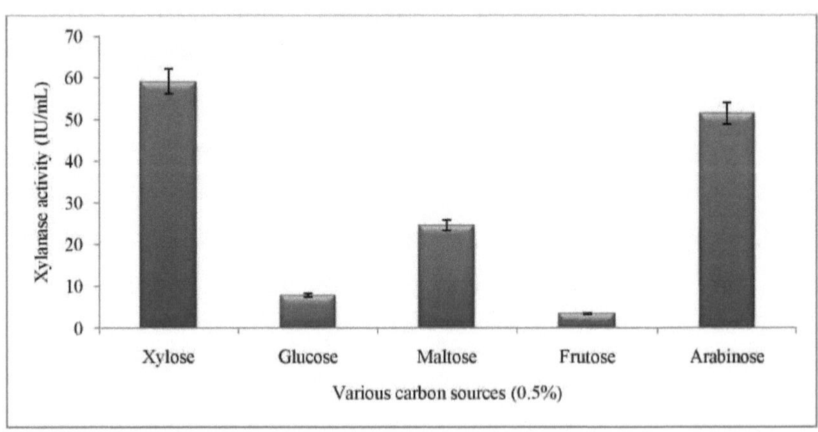

Figura: 3.7 Efeito de várias fontes de carbono na produção de xilanase por DMAD-6

Entre os hidratos de carbono testados, a xilose e a arabinose induziram a produção de xilanase de forma notável. A produção máxima de xilanase foi de 59,05 UI/mL e 51,34 UI/mL quando a xilose e a arabinose, respetivamente, foram utilizadas individualmente como fontes de carbono. É sabido que a xilose é o produto final da hidrólise da xilana e pode induzir a síntese de xilanase. No nosso estudo, a xilose também pode ser considerada uma fonte de carbono necessária, bem como um indutor. No entanto, não se verificou que a frutose, a glucose e a maltose fossem eficazes para uma maior produção de xilanase. Em 2012, Pushpa et al. registaram uma melhoria na produção de xilanase na presença de xilose.

Capítulo: 4

RESUMO E CONCLUSÃO

O objetivo da nossa investigação foi "Produção e otimização de xilanase em fermentação submersa utilizando uma cultura bacteriana recentemente isolada".

Isolamento de culturas bacterianas produtoras de xilanase

Para cumprir o objetivo do trabalho de investigação, foram isoladas nove culturas bacterianas diferentes de frutos maduros, madeira em decomposição e amostras de solo. A identificação preliminar das bactérias produtoras de xilanase foi efectuada através do estudo da sua acidez hidrolítica sob a forma de zona livre em placas de ágar nutriente contendo xilano. Na etapa seguinte, todas as culturas bacterianas foram estudadas quanto à sua capacidade comparativa de produção de xilanase em condições de fermentação submersa. Verificou-se que a cultura bacteriana DMAD-6 produzia o máximo de xilanase. A identificação primária da DMAD-6 foi efectuada por exame morfológico e microscópico. No futuro, a cultura será identificada através de uma abordagem molecular.

Otimização da produção de xilanase em fermentação submersa

Os parâmetros mais importantes, como o tamanho do inóculo, o tempo de incubação, o pH, a temperatura, a velocidade de agitação e a fonte de carbono, que poderiam afetar a produção de xilanase, foram optimizados em condições de fermentação submersa utilizando uma cultura bacteriana potente, DMAD-6.

Todos os parâmetros foram optimizados através da abordagem "Um fator de cada vez". Os parâmetros foram estudados nas suas diversas gamas, ou seja, tamanho do inóculo (0,5 a 3%), tempo de incubação (24 a 120 h), pH (5,0-9,0), temperatura (30-50°C), velocidade de agitação (0-150 rpm) e fontes de carbono (xilose, glucose, maltose, frutose e arabinose) a 0,5% de concentração, a fim de melhorar a produção de xilanase. A produção óptima de xilanase utilizando a cultura bacteriana potente DMAD-6 foi observada a 0,5% de tamanho de inóculo (31,40 UI/mL), tempo de incubação, 24 h (29,40 UI/mL), pH 6,0 (36,27 UI/mL), temperatura 37°C (50,80 UI/mL) e velocidade de agitação de 100 rpm (54,64 UI/mL). Entre as fontes de carbono testadas, a xilose induziu a produção máxima de xilanase (59,05 UI/mL), enquanto a frutose e a glicose reprimiram a produção de xilanase.

Conclusão

Na presente investigação, isolámos com êxito diferentes culturas bacterianas produtoras de xilanase a partir de várias amostras. Entre todos os isolados, verificou-se que a cultura bacteriana DMAD-6 apresentava a capacidade máxima de produção de xilanase. A otimização de vários parâmetros de fermentação melhorou a produção de xilanase até 59,05 UI/mL, que era apenas 16,54 UI/mL antes da otimização. A melhoria total na produção de xilanase foi de aproximadamente 4 vezes. Este estudo estabeleceu o potencial da cultura recentemente isolada para melhorar a produção de xilanase em fermentação submersa. A purificação e a caraterização da xilanase podem abrir novas portas para a compreensão do seu mecanismo de funcionamento e das suas propriedades catalíticas, o que pode ser muito importante saber antes da aplicação da xilanase em qualquer aplicação industrial.

REFERÊNCIAS

Adhyaru, D.N., Bhatt, N.S., Modi, H.A. (2014). Produção aprimorada de xilanase livre de celulase, termo-alcalina-solvente-estável de *Bacillus altitudinis* DHN8, sua caraterização e aplicação na sacarificação da palha de sorgo. *Biocatálise e Biotecnologia Agrícola.* **3**: 182-190.

Andrade, S. V., Polizeli, M. L. T. M., Terenzi, H. F., e Jorge, J. A. (2004) Efeito da fonte de carbono nas propriedades bioquímicas da β-xilosidase produzida por *Aspergillus versicolor. Process Biochemistry.* **39**: 1931-1938.

Asano, K., Sriprang, R., Gobsuk, J., Eurwilaichitr, L., Tanapongpipat, S. e Kirtikara, K. (2005). Endo-1, 4-β-xilanase de *Aspergillus niger* BCC14405 isolada na Tailândia: purificação, caraterização e isolamento de genes. *Journal of Biochemistry and Molecular Biology.* **38**: 17-23.

Bajaj, B. K. e Manhas, K. (2012). Produção e caraterização de xilanase de *Bacillus licheniformis* P11(C) com potencial para a indústria de sumos de fruta e panificação. *Biocatálise e Biotecnologia Agrícola.* **1**: 330-337.

Bajpai, P. (1997). Sistema enzimático xilanolítico microbiano, propriedades e aplicações. *Microbiologia Aplicada e Ambiental.* **43**: 141-189.

Beg, Q.K., Kappor, M., Mahajan, L., Hondal, G.S. (2001). Microbial xylanases and their industrial applications: A review. *Appliled Microbiology and Biotechnology.* **20**: 325-333.

Bhalla, A., Bischoff , K.M. e Sani, R.K. (2015). Produção de xilanase altamente termoestável a partir de um *Geobacillus* sp. termofílico. estirpe WSUCF1 utilizando biomassa lignocelulósica. *Fronteiras em Bioengenharia e Biotecnologia.* doi: 10.3389/fbioe.2015.00084.

Camacho, N.A. e Aguilar, O. G. (2003). Produção, purificação e caraterização de uma xilanase de baixa massa molecular de *Aspergillus* sp. e sua aplicação em panificação. *Bioquímica Aplicada e Biotecnologia.* **104**: 159-172.

Collins, T., Gerday, C. e Feller, G. (2005). Xylanases, famílias de xylanases e xylanases extremófilas. *FEMS Microbiology Reviews*. **29**: 3-23.

Damiano, V.B., Bocchini, D.A., Gomes, E. e Da Silva, R. (2003). Aplicação da xilanase bruta de *Bacillus licheniformis* 77-2 no branqueamento de polpa Kraft de eucalipto. *World Journal of Microbiology & Biotechnology*.**19**: 139-144.

de Vries, R. P., Kester, H.C., Poulsen, C. H., Benen, J. A. e Visser, J. (2000). Synergy between enzymes from *Aspergillus* involved in the degradation of plant cell wall polysaccharides. *Carbohydrate Research*. **327(4)**: 401-410.

Haltrich, D., Nidetzky, B., Kulke, K. D., Steiner, W. e Zupanie, S. (1997). Produção de xilanases fúngicas. *Bioresource Technology*. **58**: 137-161.

Kiddinamoorthy, J., Anceno, A.J., Haki, G.D., Rakshit, S.K. (2008). Produção, purificação e caraterização da xilanase de *Bacillus* sp. GRE7 e sua aplicação no biobranqueamento de polpa Kraft de eucalipto. *Jornal Mundial de Microbiologia e Biotecnologia*. **24**: 605-612

Kumar, A., Gupta, R., Shrivastava, B., Khasa, Y.P., Kuhad, R.C. (2012). Produção de xilanase a partir de um isolado de actinomiceto alcalifílico *Streptomyces* sp. RCK-2010, sua caraterização e aplicação na sacarificação de biomassa de segunda geração. *Journal of Molecular Catalysis B-Enzymatic*. **74**: 170-177.

Lai, T.T., Pham, T.T.H., Adjalle, K., Brouillette, F. e Barnabe, S. (2015). Estratégias para o uso de lamas de celulose e papel como meio de cultura para a produção de xilanase com *Bacillus pumilus*. *Valorização de Resíduos e Biomassa*. DOI 10.1007/s12649-015-9404-1.

Lincon, R.D. (1960). Controlo da preservação de culturas de reserva e da acumulação de inóculo na fermentação bacteriana. *Microbial Technology and Engineering*. **2**: 481-500.

Miller, L.G. (1959). Utilização do reagente de ácido dinitrosalicílico para a determinação de açúcar redutor. *Analytical Chemistry*. 31, 426-428.

Nagar, S., Gupta, V.K., Kumar, L., Kuhad, R.C. (2010). Produção e otimização de xilanase sem celulase e alcalino-estável por *Bacillus pumilus* SV-85S em fermentação submersa. *Journal of Industrial Microbiology and Biotechnology*. 37: 71-83.

Paice, M. G., Bernier, R. Jr e Jurasek, L. (1992). Branqueamento de polpa kraft de madeira de lei com xilanase de um gene clonado que aumenta a viscosidade. *Biotechnology and Bioengineering*. **32**: 235-239.

Panwar, D., Srivastava, P.K. e Kapoor, M. (2013). Produção, extração e caraterização de xilanase alcalina de Bacillus sp. PKD-9 com potencial para alimentação de aves. *Biocatálise e Biotecnologia Agrícola*.

http://dx.doi.org/10.1016/j.bcab.2013.09.006.

Polizeli, M. L. T. M., Rizzatti, A. C. S., Monti, R., Terenzi, H. F. Jorge, J. A. e Amorium, D. S. (2005). Xilanase de fungos: propriedades e aplicação industrial. *Microbiologia Aplicada e Biotecnologia*. **67**: 577-591.

Poorna, C.A. (2011). Purificação e Caracterização Bioquímica de xilanases de *Bacillus pumilus* e seu potencial para hidrólise de polissacarídeos. *Tecnologia de Fermentação*. http://dx.doi.org/10.4172/2167-7972 .1000101.

Prakash, P., Jayalakshmi, S.K., Prakash, B., Rubul, M., Sreeramulu, K. (2011). Produção de xilanase alcalifílica, halotolerante e termoestável sem celulase por *Bacillus halodurans* PPKS-2 usando agrowaste: Purificação e caraterização num único passo. *Jornal Mundial de Microbiologia e Biotecnologia*. **82**: 183192.

Pushpa, S., Murthy e Naidu, M. M. (2012). Produção e aplicação de xilanase de *Panicillium* sp. Utilizando subprodutos de café. *Tecnologia de Alimentos e Bioprocessos*. **5**: 657-664.

Sepahy, A.A., Ghazi, S., Sepahy, M.A. (2011). Produção econômica e otimização de xilanase alcalina por *Bacillus mojavensis* AG 137 indígena   fermentado em resíduos agrícolas.   *EnzymeResearch*   .

http://dx.doi.org/10.4061/2011/593624.

Subramaniyan, S. e Prema, P. (2000). Xilanases sem celulase de *Bacillus* e outros microorganismos. *FEMS Microbiology Letter*. **183**: 1-7.

Subramaniyan, S. e Prema, P. (2002). Biotecnologia de xilanases microbianas, enzimologia, biologia molecular e aplicação. *Critical Reviews in Biotechnology*. **22**: 33-64.

Thomas, L., Sindhu, R., Binod, P. e Pandey, A. (2015). Produção de uma xilanase alcalina a partir de *Kluyveromyces lactis* recombinante (KY1) por fermentação submersa e sua aplicação em bio-branqueamento. *Biochemical Engineering Journal*. http://dx.doi.org/10.1016/j.bej.2015.02.008.

Twomey, L.N., Pluske, J.R., Rowe, J.B., Choct, M., Brown, W., McConnell, M.F., Pethick, D.W. (2003). The effect of increasing level of soluble non-starch polysaccharides and inclusion of feed enzymes in dog diets on fecal quality and digestibility. *Animal Feed Science and Technology*. **108**: 71-82.

Uffen, R.L. (1997). Xylan degradation: a glimpse at microbial diversity. *Journal of Industrial Microbiology and Biotechnology*. **19**: 1-6.

Viikari, l., Ranua, M., Kantelinen, A., Sundquist, J. e Linko, M. (1986). Branqueamento com enzimas. *Proc. 3rd Int. Conf. Biotechnology Pulp and Paper Industry,* Estocolmo, 16-19 de junho, pp. 67-69.

Wang, C.Y., Chan, H., Lin, H.T. e Shyu, Y.T. (2009). Produção, purificação e caraterização de uma nova xilanase halostável de *Bacillus* sp. NTU-06. *Annals of Applied Biology*. doi:10.1111/j.1744-7348.2009.00378.x.

Wong, K. K.Y. e Saddler, J. N. (1992). *Trichoderma* xylanases, suas propriedades e aplicação, *Progress Biotechnology*. **7**: 171.

Zanoelo, F. F., Polizeli, M. L. T. M., Terenzi, H. F. e Jorge, J. A. (2004). Purificação e propriedades bioquímicas de uma β-D-xilosidase termoestável tolerante à xilose de *Scytalidium thermophilum*. *Journal of Industrial Microbiology and Biotechnology*. **31**: 170-176.

Printed by Books on Demand GmbH, Norderstedt / Germany